欧 洲 花 艺 名 师 的 创 意 奇 思

生活四季花艺之冬

【比利时】《创意花艺》编辑部 编　周洁 译

中国林業出版社
CFPH
China Forestry Publishing House

FLEUR CRÉATIF Winter

欧洲花艺名师的创意奇思

生活四季花艺之冬

图书在版编目（CIP）数据

欧洲花艺名师的创意奇思．生活四季花艺之冬／比利时《创意花艺》编辑部编；周洁译．-- 北京：中国林业出版社，2020.10

书名原文：Fleur Creatif @home Special Autumn 2017-2018

ISBN 978-7-5219-0773-5

Ⅰ．①欧… Ⅱ．①比… ②周… Ⅲ．①花卉装饰－装饰美术 Ⅳ．① J535.12

中国版本图书馆 CIP 数据核字 (2020) 第 166170 号

著作权合同登记号　图字：01-2020-3153

责任编辑： 印芳 王全

电　　话： 010-83143632

出版发行： 中国林业出版社

（100009 北京市西城区德内大街刘海胡同 7 号）

印　　刷： 北京雅昌艺术印刷有限公司

版　　次： 2020 年 10 月第 1 版

印　　次： 2020 年 10 月第 1 次印刷

开　　本： 787mm × 1092mm 1/16

印　　张： 11.5

字　　数： 250 千字

定　　价： 88.00 元

目录

Contents

P.006

夏洛特·巴塞洛姆
Charlotte Bartholomé

charlottebartholome@hotmail.com

夏洛特·巴塞洛姆（Charlotte Bartholomé），曾在根特的绿色学院学习了一年，与多位知名老师一起学习，如：莫尼克·范登·贝尔赫（Moniek Vanden Berghe），盖特·帕蒂（Geert Pattyn），丽塔·范·甘斯贝克（Rita Van Gansbeke）和托马斯·布鲁因（Tomas De Bruyne）。

之后参加了若干比赛，如：比利时国际花艺展（Fleuramour）。曾在比利时锦标赛上获得第四名，之后与同事苏伦·范·莱尔（Sören Van Laer）一起在欧洲花艺技能比赛（Euroskills）中获得金牌。5年前，她在家里开了店。几年来，夏洛特一直是 Fleur Creatif 的签约花艺师。

P.048

斯汀 · 西玛耶斯

Stijn Simaeys

stijn.simaeys@skynet.be

比利时花艺大师，曾在世界各地进行花艺表演和做培训。在比利时国际花展中，参与了‘庭院’和‘教堂’项目的设计。曾参加过比利时根特国际花卉博览会、比利时“冬季时光”主题花展等，并多次获奖。是比利时 Fleur Creatif 杂志的签约花艺师。

难度等级：★★☆☆☆

烛光和鲜花打造的迎宾花礼

花艺设计 / 夏洛特·巴塞洛姆

材料 *Flowers & Equipments*

刺柏、花毛茛、玫瑰、涂有金蜡的玫瑰果枝条、海棠果、乳香黄连木

带有塑料托盘的环状花泥、白色毛毡、蜡烛、热熔胶、银色铜线

步骤 *How to make*

① 用胶将羊毛毡一块一块地粘贴在花环外侧，然后在花环中间铺上羊毛毡，在上面放上蜡烛。
② 将刺柏叶片和花材插入花泥中。
③ 将染成银色的海棠果用银线串成一个花环，然后将其轻轻搭放在插放好花材的大花环之上。

难度等级：★★★☆☆

冷峻高傲

花艺设计 / 夏洛特·巴塞洛姆

材料 *Flowers & Equipments*

白色茴芋、刺柏、万带兰、玫瑰、花毛茛、经漂白的芭蕉树皮、闪亮的白色桦树枝条

聚苯乙烯半球体、塑料带花泥托盘、银色铁丝、人造雪、热熔胶、圣诞主题装饰物、塑料鲜花营养管

步骤 *How to make*

① 将聚苯乙烯半球体上部沿着边沿裁掉一圈，让半球体的深度变浅一点。
② 用热熔胶将塑料花泥托盘粘在聚苯乙烯半球体基座的底部。
③ 用胶将条状的芭蕉树皮粘贴在球形基座外表面。从底部开始，然后一直向上粘贴至基座上边沿。然后将树皮向内弯折，一直折至内部塑料托盘的边沿。
④ 将桦树枝条插在聚苯乙烯基座中，略微转动，然后用银色铁丝将它们捆绑在一起。一定要保持全部枝条方向一致。
⑤ 将刺柏叶片、鲜花插入花泥中，同时插入一些圣诞主题的装饰小摆件。
⑥ 最后洒上一些人造雪，整件作品完成。

难度等级：★☆☆☆☆

另类圣诞花环

花艺设计 / 夏洛特 · 巴塞洛姆

材料 *Flowers & Equipments*

黑嚏根草、女贞浆果枝条、花毛茛、竹节蓼、经漂白的芭蕉树皮

拱桥形聚苯乙烯块、玻璃烛台、热熔胶、金属丝、圣诞主题装饰物、银色铁丝、木制星形装饰物

步骤 *How to make*

① 用芭蕉树皮条将整个拱桥形聚苯乙烯块缠绕起来，并用胶粘贴牢固。
② 将 4 只烛台插入聚苯乙烯底座上。
③ 用竹节蓼编结成拉花。取一小束竹节蓼，在中间放置一根金属丝，然后用一根银色铁丝缠绕，重复这个操作。
④ 拉花的形状可以自由设计，制作完成后将其一一摆放在桥形底座上，并用热熔胶粘牢固定。
⑤ 在花环丛中加入一些圣诞主题装饰物。
⑥ 将这些装饰物中注入水，然后插入鲜花。
⑦ 将星形装饰物和其他一些圣诞主题小摆件用胶粘贴在底座上以及拉花中。

难度等级：★★☆☆☆

植物创新

花艺设计 / 夏洛特·巴塞洛姆

步骤 How to make

① 用胶将长短不一的银色黄麻片粘贴在聚苯乙烯蛋糕块表面。
② 在黄麻片表面涂上一层热蜡，将其按设定的形状定形。
③ 在制作好的基座中铺上一层塑料衬垫，然后将多肉植物种植在里面。
④ 洒上一些人造雪，整件作品制作完成。

材料 Flowers & Equipments

多肉植物
聚苯乙烯蛋糕块、银色黄麻片、蜡、热熔胶、人造雪、透明塑料薄膜

材料 *Flowers & Equipments*

竹节蓼、涂有金蜡的玫瑰果枝条、万带兰

木制圆环、热熔胶、银色铁丝、粗铁丝、金色叶脉叶、圣诞主题小摆件、圣诞主题装饰物

难度等级：★☆☆☆☆

浪漫的圣诞花环

花艺设计 / 夏洛特 · 巴塞洛姆

步骤 *How to make*

① 用竹节蓼编结拉花。取一小束竹节蓼，在中间放置一根铁丝，然后用银色铁丝缠绕，重复这个操作。
② 将制作好的拉花弯折成想要的形状，然后放置在基座上，用铁丝绑紧固定。
③ 用胶将圣诞主题小摆件、金色叶脉叶、雪球以及其他装饰物粘牢固定。
④ 最后用胶将插有万带兰花朵的玻璃营养管粘牢，整件作品完成。

难度等级：★★☆☆☆

时尚紫色圣诞树

花艺设计 / 夏洛特·巴塞洛姆

材料 *Flowers & Equipments*

云杉、花烛、花毛茛、菊花、三椏木、桑树树皮（紫色）

玻璃花瓶、铁丝圆环、扁平的藤条、热熔胶、粗铁线、淡紫色铜线、胶带、透明塑料薄膜、花泥、圣诞主题小摆件、叶脉叶

步骤 *How to make*

① 用塑料薄膜将花泥包裹后放入花瓶中，并用桑树皮覆盖好。
② 将三椏木插入花泥中。用树皮和一些圣诞小饰品将底部覆盖，将花泥完全遮盖。
③ 用胶将一条条扁平的藤条粘贴的铁丝圆环上，并将经装饰后的圆环系在三椏木上。
④ 用铁丝和胶带制作一个小形口袋形容器，然后用桑树树皮覆盖。将制作好的小口袋系在圆环上。
⑤ 将花泥放入刚刚制作好的口袋形容器中，然后插入各式花材。
⑥ 点缀上一些圣诞主题小饰物，用胶粘牢固定。

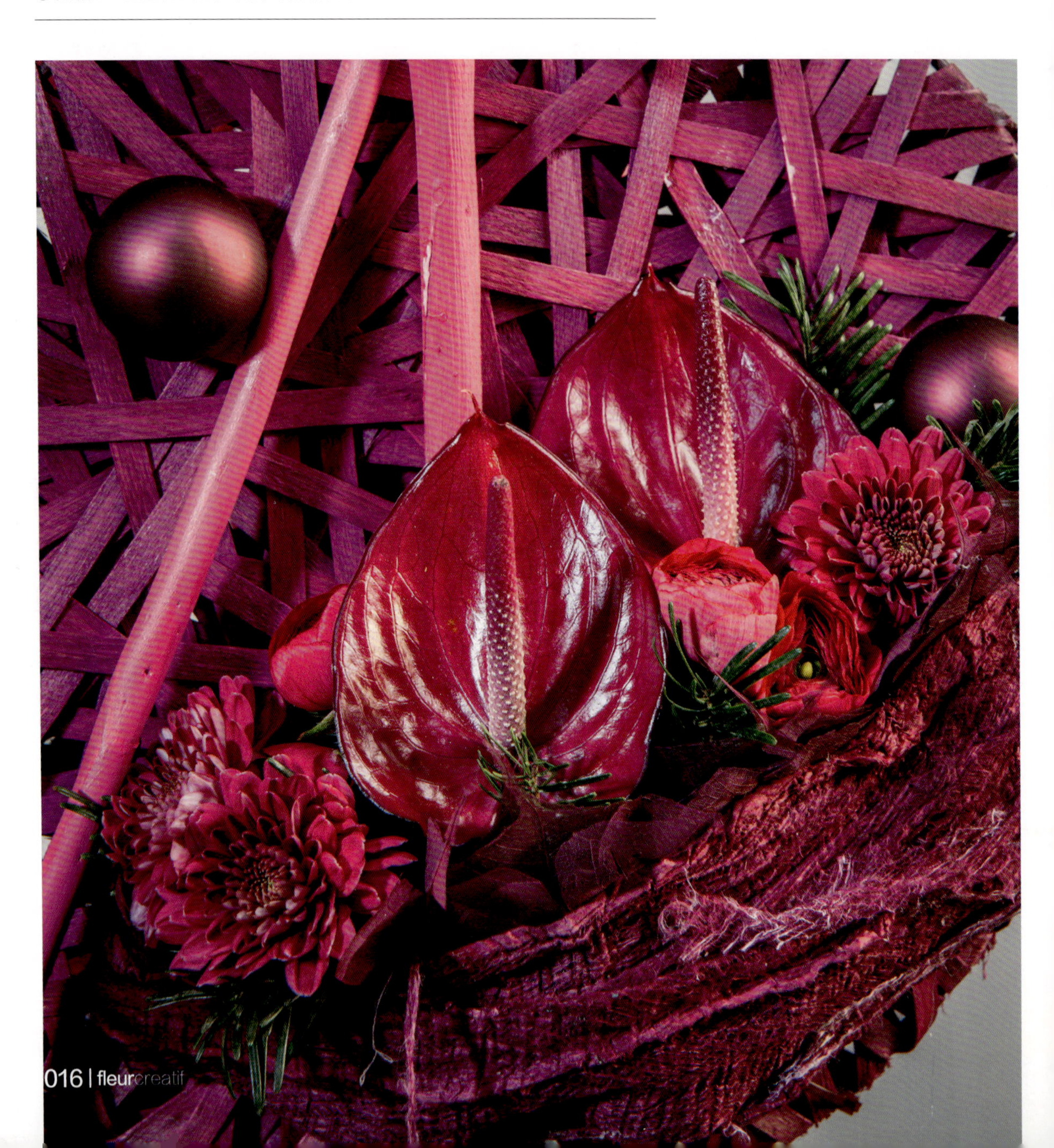

书写在星星上的花语

难度等级：★★★☆☆

花艺设计／夏洛特·巴塞洛姆

材料 Flowers & Equipments

云杉、玫瑰、万带兰、绣球、非洲菊、康乃馨

带花泥的塑料碗、硬纸板、金属线、胶带、木柴、热熔胶

步骤 How to make

① 将硬纸板裁切成条状大块，然后把它们一个接一个地排列在一起。

② 先将硬纸板条围绕着碗的四周粘贴一圈，然后用胶水将金属丝粘贴在剩余的硬纸板条上，这样更容易塑形。

③ 将小木柴块一块一块地粘贴在纸板条的两侧。

④ 将鲜花直接插入塑料碗中的花泥里。

难度等级：★☆☆☆☆

材料 *Flowers & Equipments*

粉色桑皮纤维、蔓越橘、玫瑰果枝条、玫瑰、康乃馨、花毛茛

发泡聚苯乙烯圆筒、金色包线枝条、软木、热熔胶、塑料尖头储水管、金属线

步骤 *How to make*

① 用胶水把薄软木条粘贴在发泡聚苯乙烯圆筒表面。
② 将金色枝条插入发泡聚苯乙烯圆筒中。
③ 用软木制作几个大号星形装饰物，用胶将其粘在枝条上。
④ 用桑皮纤维条将塑料尖头储水管包好。
⑤ 用金属丝将装饰好的储水管系在枝条上。
⑥ 将花泥切成小块，用塑料薄膜包起来，然后塞入储水管中。
⑦ 插入鲜花。
⑧ 撒上蔓越橘作为点缀。

难度等级：★★★☆☆

松针游戏

花艺设计 / 夏洛特 · 巴塞洛姆

材料 *Flowers & Equipments*

松树（松针）、嚏根草
木板、双面胶、藤包绑扎线、镀金金属线、小型圣诞主题装饰品、绿色铜线

步骤 *How to make*

① 用双面胶将松针粘在一起，中间再放一根铜线，做成一个花环。
② 用藤包绑扎线将花环固定在木板上。
③ 用镀金金属丝将两个圣诞小装饰物系在一起，挂在松针丛的顶端。重复这一步骤。
④ 将水注入这些小饰物中，然后插入嚏根草花朵。

难度等级： ★★☆☆☆

康乃馨花球

花艺设计 / 夏洛特 · 巴塞洛姆

材料 *Flowers & Equipments*

康乃馨、浸过蜡油的玫瑰果

球形花泥、经处理带有白霜的枝条、褐色金属丝

步骤 *How to make*

① 将康乃馨和玫瑰果插入球形花泥中，制作出一个外形优美可爱的花球。
② 用金属丝将枝条绑扎成半球形，
③ 制作时要注意让枝条间留有空隙，保持相对透明的视觉效果。
④ 把花球放在用枝条做成的半球体中。

难度等级：★★★☆☆

材料 *Flowers & Equipments*

红玫瑰、玫瑰果、桑树树皮

金属圆环、粗铁丝、古塔胶、小号发泡聚苯乙烯球、各色线绳、热熔胶、彩线、颜料

步骤 *How to make*

① 将 4 根粗铁丝连接到金属环上，制作出一个花束托架。
② 在 4 根粗铁丝上涂抹古塔胶，上色。
③ 用桑树皮将圆环覆盖。
④ 将小号发泡聚苯乙烯球表面用彩线完全缠绕包裹，并用胶水粘牢，制成小彩球。
⑤ 用制作好的小彩球装饰花束托架。
⑥ 用红玫瑰制作一束优美的花束，然后放入托架内。

特别的派对花束

难度等级：★★★☆☆

花艺设计／夏洛特·巴塞洛姆

材料 *Flowers & Equipments*

松果球、万带兰、经处理带有白霜的枝条、露兜树叶片

绝缘板、胶带、纸板、热熔胶、喷胶、人造雪、球形花泥、细花艺铁丝、包纸金属线、玻璃洋兰管

难度等级：★★★★★

鲜花壁画

花艺设计 / 夏洛特·巴塞洛姆

步骤 *How to make*

① 取一块绝缘板，在中间裁切出想要的形状。
② 将纸板裁剪成相同的形状，然后放入绝缘板上的形状相同的空洞中。
③ 用热熔胶和胶带将纸板粘贴在绝缘板上。
④ 将露兜树叶片细心地粘贴在绝缘板上。
⑤ 将球形花泥塞入绝缘板上的空洞中，并用铁丝将花泥固定在纸板上。
⑥ 将树枝插入花泥中，然后用包纸金属线将它们连在一起。
⑦ 将花艺铁丝缠绕在松果球上，然后将其插入花泥中。
⑧ 撒上一些人造雪，并用喷胶粘牢。
⑨ 用包纸金属丝将玻璃洋兰管系在小树枝上。
⑩ 插入万带兰，整件作品完成。

23

前门花饰

花艺设计 / 夏洛特 · 巴塞洛姆

难度等级：★★☆☆☆

材料 *Flowers & Equipments*

橡子壳斗、文竹、柏树枝、玫瑰、康乃馨、嚏根草、荷叶

奶酪盒、薄木条、热熔胶、铁丝、古塔胶、铁色铁丝、绳子

步骤 *How to make*

① 去掉奶酪盒的底部。
② 将 4 根粗铁丝粘在盒体上，然后将它们弯成直角，然后用古塔胶缠绕包裹。
③ 这样就为花束制作出了简洁优雅的手柄。
④ 用细木条围在盒体外圈，将盒体装饰美观，然后在里面粘贴一圈荷叶。
⑤ 制作一束漂亮迷人的花束放在盒子里。
⑥ 最后，用橡子壳斗制作一个花环放在花丛中。

难度等级：★★★☆☆

材料 *Flowers & Equipments*

万带兰、经漂白的芭蕉树皮、蘸过石蜡的玫瑰果枝条、喷涂成银色的松枝

聚苯乙烯树脂蛋糕块、热熔胶、粗铁丝、银色叶脉叶、银色干燥圆叶尤加利、定位针、银色铁丝、玻璃鲜花营养管

步骤 *How to make*

① 用细条状芭蕉树皮粘贴在聚苯乙烯树脂蛋糕块的表面。粘贴时要认真细心，注意树皮条上的条纹及方向搭配协调。
② 用粗铁丝将装饰好的蛋糕块连接在一起，用芭蕉树皮将连接点覆盖遮挡起来。
③ 将干燥圆叶尤加利和叶脉叶折叠，然后用定位针将它们固定在蛋糕块上。
④ 重复这个步骤，直到一个形态优雅的花环呈现在眼前，不同的蛋糕块上所呈现的花环形态各不相同。
⑤ 将玫瑰果枝条插入折叠的叶片花环之间。
⑥ 将铁丝缠绕在玻璃鲜花营养管外，然后将它们插入叶片丛中。
⑦ 将万带兰插入营养管中。
⑧ 用松针制作出漂亮的拉花，然后随意挂在万带兰花朵之间。

材料 *Flowers & Equipments*

白花虎眼万年青、孤挺花、染成黑色的白桦树枝条

2个底座为正方形，带有插针的金属支架、塑料圆锥体、黑色和灰色毛毡、热熔胶、冷固胶、卷轴铁丝

难度等级：★★☆☆☆

圣诞装扮的孤挺花

花艺设计 / 夏洛特·巴塞洛姆

步骤 *How to make*

① 将小毛毡条覆盖在塑料圆锥体外表面。
② 用白桦树枝制作成美观漂亮的花束，然后将花束固定在金属支架上。每个金属支架固定一个花束。
③ 用卷轴铁丝将装饰好的圆锥体固定在桦树细枝上，就像花束间插放着一个花瓶。
④ 将孤挺花插入圆锥体内。
⑤ 最后，用冷固胶将白色虎眼万年青的花朵粘贴在树枝上。

难度等级：★★☆☆☆

星星……

花艺设计 / 夏洛特 · 巴塞洛姆

步骤 How to make

① 将星形花泥固定到星形支架上的星形内。
② 用露兜树叶片粘贴覆盖星形花泥。将叶片横向交叉放置，用胶水和定位针固定。
③ 用绳子将支架缠绕包裹。
④ 用胶将鲜花营养管粘贴固定在适宜的位置，插入素馨和石斛兰。
⑤ 将八角茴香喷涂成金色，然后将它们串成一个拉花，随意搭放在星星上，这件别致的作品完成了。

材料 Flowers & Equipments

素馨、石斛兰、干露兜树叶片、八角茴香

带底座的铁艺星形支架、星形花泥、胶带、热熔胶、绳子、玻璃鲜花营养管、金色铁丝、金色喷漆、定位针

难度等级：★★★☆☆

令人惊喜的圣诞小摆件

花艺设计 / 夏洛特 · 巴塞洛姆

材料 *Flowers & Equipments*

喷涂成银白色的文竹、满天星、蝴蝶兰
2 只大气球、有特色花纹的包装纸、壁纸胶、细铁丝网、胶带、毛毡、热熔胶、人造雪、圣诞主题小装饰品、塑料鲜花营养管、花泥、胶带

步骤 *How to make*

① 给 2 只大气球充气，然后用浸过壁纸胶的包装纸覆盖在气球表面。等到完全干透后，将气球放气，然后剪掉球体的顶部。
② 将小球放入大球中，两个球体之间的空间填入文竹。
③ 用细铁丝网制成一个细长的托盘，用胶带压紧定形。
④ 然后将花泥切成同样的形状，用胶带粘在托盘上。
⑤ 将不同长度和宽度的毛毡条垂直粘到托盘内。
⑥ 将满天星插入花泥中，选用锥形鲜花营养管，插入蝴蝶兰，然后也直接插入花泥中。
⑦ 将组件放在较小的球中。
⑧ 最后，撒上一些人造雪，再点缀一些圣诞装饰物。

难度等级：★★☆☆☆

金光闪烁小花球

花艺设计 / 夏洛特 · 巴塞洛姆

材料 *Flowers & Equipments*

松果、嚏根草、玫瑰、康乃馨、花毛茛、柏树枝条

银色铁丝、不同尺寸的花泥球、各种覆盖粘贴材料：芭蕉树皮、桑树树皮、毛毡等、花泥、热熔胶

步骤 *How to make*

① 选取一只花泥球，将其位于中线以上的上半部分切除。
② 用芭蕉树皮条覆盖粘贴球体的下半部分。粘贴时注意树皮条的纹理方向应保持一致。
③ 将花泥放入球体中。
④ 插入鲜花。
⑤ 最后，用松果制作成一条漂亮的拉花，围放在花丛外。
⑥ 分别用不同的材料覆盖粘贴在其余几只花泥球的外表面，一件极富吸引力作品完成了。

难度等级：★★★☆☆

冬日里闪耀的金黄色

材料 *Flowers & Equipments*

万带兰、玫瑰果枝条、桑皮纤维
聚苯乙烯泡沫塑料半球体、漂亮的包装纸、壁纸胶、热熔胶、金色喷漆、金色小球、玻璃鲜花营养管、金色铝线、金粉

花艺设计 / 夏洛特·巴塞洛姆

步骤 *How to make*

① 将薄薄的桑皮纤维条覆盖在半球体内表面。
② 将漂亮的包装纸粘贴桑树皮上。
③ 待胶水完全干透后，用喷绘颜料将纸喷涂成金色，同时洒上闪闪发光的金粉。
④ 将金色的小球放入球体中，并粘牢固定。
⑤ 放入喷涂成金黄色的玫瑰果枝条。
⑥ 用金色铁丝将玻璃鲜花营养管固定在金色小球上，然后将兰花插入营养管中。

难度等级：★★★☆☆

群星闪烁

花艺设计 / 夏洛特 · 巴塞洛姆

步骤 *How to make*

① 将花泥切割成似圣诞树的形状，尺寸大小与选用的金属支架相当。
② 用胶带将花泥板粘牢固定在支架上。
③ 在圣诞树形花泥板的背面粘贴上一层毛毡。
④ 将越橘枝条插入花泥中，同时将彩灯串固定在适宜位置。
⑤ 用文竹枝叶和尤加利叶将空白处填满。
⑥ 最后，点缀上一些小雪球以及小星星作为装饰物，并撒上人造雪烘托出圣诞氛围。

材料 *Flowers & Equipments*

越橘、喷涂成银色的文竹、尤加利
树形金属支架、花泥板、毛毡、用白桦树树皮制作成的星形装饰物、彩灯串、雪球、胶带

WEEK-END
A LA MER

难度等级：★★★☆☆

冬装素裹

花艺设计 / 夏洛特·巴塞洛姆

材料 *Flowers & Equipments*

梧桐树果实、马蹄莲、菊花、玫瑰、喷涂成银白色的文竹

手捧花束花托、塑料杯形蛋糕托架、银色铁丝、白色毛线

步骤 *How to make*

① 在塑料杯形蛋糕托架的底部打一个洞，将花束花托插入。
② 用热熔胶定位固定。
③ 将银色文竹枝叶粘贴在塑料杯形蛋糕托架的外表面，将托架装饰漂亮。
④ 在花束花托的手柄上缠绕几圈毛线。
⑤ 将鲜花插入花束花托中的花泥里。
⑥ 最后将梧桐树果实绑在银色铁丝上，然后插入鲜花丛中。

花团锦簇的圣诞节

难度等级：★★☆☆☆

花艺设计／夏洛特·巴塞洛姆

步骤 *How to make*

① 将几根铁丝平行放置在一块硬纸板条上，用胶将它们粘牢定位。然后就可以根据自己的设计将硬纸板弯折成想要的形状。
② 将毛毡折叠成漂亮的形状，然后用胶粘贴在硬纸板上。
③ 将树枝一根一根紧挨着粘在毛毡上。
④ 用铜线将玻璃鲜花营养管固定在树枝间。
⑤ 将鲜花插入营养管，最后用胶粘上一些可爱的圣诞小装饰物。

材料 *Flowers & Equipments*

尤加利叶、粉红色玫瑰、石竹
玻璃鲜花营养管、铜线、热熔胶、硬纸板、铁丝、圣诞主题小摆件

步骤 *How to make*

① 用毛毡条将环状花泥托盘的底边遮挡起来。用干树枝在花环外周缠绕几圈，然后粘牢定位。
② 将玫瑰果插入花泥中。
③ 最后插入小海棠果枝，并用胶将几颗小星星粘在果枝间。

材料 *Flowers & Equipments*

绣球、玫瑰果、海棠果、干树枝
环状花泥、细铁丝、木制星形装饰物、毛毡

难度等级：★☆☆☆☆

温馨烛光

难度等级：★★★☆☆

别致的雪白圣诞树

花艺设计 / 夏洛特·巴塞洛姆

材料 *Flowers & Equipments*

白发藓、万带兰、玫瑰、洋桔梗、须苞石竹、结实的竹竿、漂染成白色的芭蕉叶、桑皮纤维

塑料薄膜、花泥盒、毛线、毛毡、硬纸板、聚苯乙烯泡沫塑料圆锥体、花泥板

步骤 *How to make*

① 用聚苯乙烯泡沫塑料圆锥体制作几棵迷你冷杉树，用毛线、桑皮纤维和芭蕉叶装饰圆锥体，然后在下面插入一根竹竿，看上去就像是冷杉树树干。

② 用硬纸板制作几个圆锥体，用同样的材料装饰一番，并将其粘在竹竿上。

③ 在硬纸板内铺衬一层塑料薄膜，然后用鲜花进行装饰。

④ 将制作好的冷杉树插入花泥板中。

⑤ 用毛毡粘贴覆盖在花泥板底座周围。

⑥ 最后在冷杉树底下铺上白发藓。

难度等级：★★★☆☆

冰霜花环

花艺设计 / 夏洛特·巴塞洛姆

材料 *Flowers & Equipments*

万带兰、马蹄莲、菊花、康乃馨、喷涂成银色的文竹、伽蓝菜

聚苯乙烯花环、细银色铜线、铁丝、胶带、花泥盒、毛线球、浸过石蜡的小松果球、冷固胶

步骤 *How to make*

① 用铁丝制作一个挂钩。插入聚苯乙烯花环中并用热熔胶固定。
② 用铁丝和胶带制作一个口袋。
③ 将制作好的口袋固定在聚苯乙烯圆环上。
④ 用文竹枝叶覆盖在花环表面，使用银色铜丝绑扎固定。
⑤ 用胶将更多的文竹枝叶粘贴在口袋处，同时也在花环的其他位置多粘贴一些，以增强视觉纵深。
⑥ 将花泥放入口袋内，然后插入鲜花。
⑦ 用花艺专用防水胶将伽蓝菜枝条以及毛线球粘贴在花环上。
⑧ 最后用银色铁丝将小松果串成一条精美可爱的拉花，搭放在制作好的花环上。

难度等级：★★★☆☆

冷月

花艺设计 / 夏洛特 · 巴塞洛姆

材料 *Flowers & Equipments*

马蹄莲、须苞石竹、木贼

半月形铁艺架、铁制底座、软木、原木色线绳、粗铁丝、绿色拉菲草、金色气溶胶喷漆、金色铁丝、染成金色的八角茴香、冷固胶、坚果壳、花泥盒、薄胶带、坚果、坚果壳

步骤 *How to make*

① 用绿色拉菲草缠绕半月形铁艺架。
② 将连接用铁丝也用拉菲草缠绕，铁丝将用来连接铁艺架与底座。
③ 向所有装饰好的架构上轻轻喷上一层金色喷漆，让绿色从金色层中透出来。
④ 用软木块和线绳装饰半月形铁艺架，然后将其平稳地移至金属底座上。
⑤ 将木贼细枝交错穿插在半月形架构中。
⑥ 将 3 个坚果壳楔入铁丝之间的空间，并用胶水粘牢固定。
⑦ 将花泥用薄塑料膜包裹，然后塞入坚果壳中。
⑧ 插入鲜花。在空隙处点缀坚果。
⑨ 最后用八角茴香制作一条漂亮的拉花，装饰整个架构。

难度等级：★★★☆☆

鲜花与香槟酒

花艺设计 / 斯汀 · 西玛耶斯

材料 *Flowers & Equipments*

嚏根草、桑树树皮

粗铁丝、胶带、电钻、胶枪、毛刷、3段小木块

步骤 *How to make*

① 在 3 段小木块上分别钻 3 个小孔。
② 取 3 根尖头粗铁丝，用胶带缠绕，并用桑树树皮缠绕包裹。
③ 同样，用胶将桑树树皮粘贴在鲜花营养管的外表面。
④ 用粗铁丝弯折出几个圆环，以便放置鲜花营养管。
⑤ 将粗铁丝末端插入小木块上的小孔中，并用胶枪粘牢固定，然后将粗铁丝弯折成所需的形状。
⑥ 用毛刷在桑树皮的表面轻轻刷几下，让表面变成蓬松毛燥。然后喷涂一遍胶水，并撒上一些人造雪。
⑦ 将花材插入鲜花营养管中。

难度等级：★★☆☆☆

嚏根草松果花锥

花艺设计 / 斯汀 · 西玛耶斯

步骤 *How to make*

① 用胶枪将干燥圆叶尤加利粘贴到小号角的外表面。
② 用电钻在小木块上钻个小孔，将小号角插入木块上的小孔中，然后用胶将所有的木块粘在一起。
③ 在小号角中放入花泥，插入松枝和观赏草。
④ 在所有材料上面喷涂一层喷胶，然后在上面撒上人造雪。
⑤ 最后将鲜花插入，整件作品完成。

材料 *Flowers & Equipments*

东方嚏根草、花旗松、芒草
小号角、白色干燥圆叶尤加利、小木块、喷胶、人造雪粉末、胶枪、花泥

难度等级：★★★★☆

繁花压满枝

花艺设计 / 斯汀 · 西玛耶斯

材料 *Flowers & Equipments*

白桦树枝、蝴蝶兰

带有插针的铁艺基座、粗铁丝、白色毛线、鲜花营养管

步骤 *How to make*

① 将白桦树枝干锯出斜切面，然后用胶将两根树干的斜切面贴合粘牢。
② 取几根长约 6~7cm 的桦树枝，然后将它们切割成小段。
③ 用胶枪将这些小段树枝拼合成一个长方形，也可以用铁丝来绑扎连接。按照同样大小再制作出一个式样相同的长方形。
④ 在主干树枝上钻 3 个小孔，然后插入粗铁丝，并用毛线包裹好。
⑤ 用铁丝将这两个用桦树枝制作成的木垫板分别系在垂下来的 3 根粗铁丝上。
⑥ 将鲜花营养管放入木垫板中，并插入鲜花。

材料 *Flowers & Equipments*

东方嚏根草、羽叶伽蓝菜、樟子松

铅片、聚苯乙烯球、定位针、胶枪、鲜花营养管

难度等级：★★★☆☆

铅片与鲜花的创新组合

花艺设计 / 斯汀 · 西玛耶斯

步骤 *How to make*

① 在聚苯乙烯球上钻一个小洞，插入鲜花营养管。
② 将铅片切成长方形的小块，然后再裁切成叶片形状。
③ 用定位针将这些叶片形铅片固定在聚苯乙烯球体的外表面。
④ 根据需要用胶枪将叶片的边边角角粘贴牢固。
⑤ 最后在营养管中注入水，然后插入花材。

难度等级：★★☆☆☆

相得益彰的芦荟花与小木垫

花艺设计 / 斯汀 · 西玛耶斯

步骤 *How to make*

① 给容器喷漆（容器内部应喷水性漆）。
② 用胶将红桦木小垫片粘贴在容器外表面，打造出一个外观协调优美的容器。
③ 将花泥放入容器中，然后按照盆器的外形插入花材。
④ 根据需要用定位针将花材固定好。

材料 *Flowers & Equipments*

芦荟花、桦木（红桦木垫片）

喷漆、石制容器、胶枪、花泥

木趣

难度等级：★★★☆☆

花艺设计/斯汀·西玛耶斯

材料 *Flowers & Equipments*

嚏根草

带有插针的支撑底座、细铁丝网、木条、胶枪、粗铁丝、胶带

步骤 *How to make*

① 用细铁丝网和粗铁丝打造出所需形状的容器，然后将其固定在铁艺基座上，以保持良好的稳定性。

② 用胶带将整个容器缠绕。

③ 将小木条一条条粘贴在容器外表面。

④ 将花泥放入容器内，插入嚏根草鲜切花。

小贴士： 也可以在容器内嵌入几只鲜花营养管，然后直接将嚏根草花枝插入营养管中。

难度等级：★★☆☆☆

一块特殊面团打造的浪漫桌花

花艺设计 / 斯汀 · 西玛耶斯

步骤 How to make

① 将聚苯乙烯块切割成想要的形状，大小应可以容纳放入花泥。
② 用胶带将切割好的聚苯乙烯块缠绕包裹，然后在外表面喷涂一层白漆。
③ 接下来用胶枪将甜点一片一片覆盖在整个容器的外表面。
④ 将花泥放入容器中（需铺设一层塑料薄膜作为衬垫）
⑤ 插入鲜花，呈现出一件富有浪漫色彩的花艺作品。

材料 Flowers & Equipments

黑嚏根草、洋桔梗、玫瑰、绿色火龙珠、绿色茴芋、长寿花
聚苯乙烯块、胶枪、花泥、胶带、白色喷漆、甜点

难度等级：★★★★★

自然飘落的雪花莲

花艺设计 / 斯汀 · 西玛耶斯

材料 *Flowers & Equipments*

洋桔梗、尼润石蒜、玫瑰、火龙珠、嚏根草、洋蓟

难度等级：★★☆☆☆

步骤 *How to make*

① 用藤条编制一个敞口半球体，根据需要，也可以直接用一只聚苯乙烯泡沫塑料球切割成半球体。
② 在球体内表面喷上粘合剂。
③ 将草铺在球体内，多铺几层，直到达到理想的厚度。
④ 撒上人造雪，然后将雪花莲种植在半球体内。

材料 *Flowers & Equipments*

雪花莲、狼尾草、省藤
喷胶、人造雪

难度等级：★★☆☆☆

嚏根草静物画

花艺设计/斯汀·西玛耶斯

材料 *Flowers & Equipments*

嚏根草

花泥、框架

步骤 *How to make*

将花泥浸湿后放入框架内，用花泥夹固定，然后用迷人的嚏根草花朵将整个框架填满。

难度等级：★★★☆☆

嚏根草独奏曲

花艺设计 / 斯汀 · 西玛耶斯

步骤 *How to make*

① 将木板锯成想要的形状，用胶水将软木块粘贴在木板上，可将几块木块叠放在一起，打造出高低错落的效果。
② 在不同高度的木板上，每一片棕榈叶上都粘贴一根鲜花营养管，并用芭蕉树皮将营养管包裹装饰。
③ 用夹子夹住棕榈叶的两端并放置在软木块之间。
④ 最后将鲜花插入营养管中，并在软木块上撒上一些锯屑。

材料 *Flowers & Equipments*

嚏根草、棕榈叶、软木块、芭蕉树皮

鲜花营养管、木板、锯、锯屑

难度等级：★★☆☆☆

嚏根草早茶

花艺设计 / 斯汀 · 西玛耶斯

材料 *Flowers & Equipments*

嚏根草、雪花莲、松针

透明的玻璃圣诞装饰品、凝胶颗粒、人造雪、硅胶

步骤 *How to make*

① 用一把小钳子将这个玻璃圣诞小摆件砸碎。注意，一定要戴上护目镜！

② 用硅胶将这些破碎残缺的小玩意儿粘在盘子上。

③ 在残缺的玻璃容器中填入凝胶颗粒，最后再撒上人造雪装饰一下。

④ 将嚏根草插在玻璃容器中，最后用雪花莲点缀。

难度等级：★★★☆☆

冷若冰霜的铁框

花艺设计 / 斯汀 · 西玛耶斯

材料 *Flowers & Equipments*

嚏根草、钢草

金属框架、白色线绳、硬纸板、人造雪、花泥、碗形容器

步骤 *How to make*

① 用绳子将金属框架缠绕包裹。
② 将用绳子包裹的硬纸板粘贴在容器外侧。
③ 在容器中放入花泥。
④ 依托金属框架用白色线绳编结成网状结构，并撒上人造雪。
⑤ 将鲜花和钢草插入花泥中。

难度等级：★★★☆☆

光芒四射的天使之翼

花艺设计 / 斯汀 · 西玛耶斯

材料 *Flowers & Equipments*

树皮条

有机玻璃（树脂玻璃）、瓦楞纸板、灯架、天使之翼（翅果）胶枪

步骤 *How to make*

① 裁出两块圆形有机玻璃。
② 用瓦楞纸板剪出一条长约 10cm 的长条。
③ 将纸板条环绕两块有机玻璃放置，并粘牢固定。
④ 在底部切开一个洞，以便放置灯泡。
⑤ 将天使之翼粘贴在有机玻璃上，将树皮粘贴在瓦楞纸板表面。

难度等级：★★☆☆☆

噻根草魔法球

花艺设计 / 斯汀 · 西玛耶斯

> 材料 *Flowers & Equipments*
>
> **地衣苔藓、噻根草**
>
> 塑料杯子、聚苯乙烯泡沫塑料球、喷胶、人造雪

步骤 *How to make*

① 在聚苯乙烯泡沫塑料球上切出一个与塑料杯大小相同的孔洞。
② 用夹子将地衣苔藓固定在球体表面，留出孔洞的位置。
③ 在球体表面喷上喷胶，然后撒上人造雪。
④ 将鲜花插入塑料杯中。

P.072

汤姆·德·豪威尔
Tom De Houwer

tomdehouwer@icloud.com

比利时花艺大师，在世界各地进行花艺表演和授课。他想启发其他花艺师，发现与自己最本真的东西。先后参加了比利时“冬季时光”主题花展等展览……并在几本杂志上发表过文章。

P.110

安尼克·梅尔藤斯
Annick Mertens

annick.mertens100@hotmail.com

安尼克·梅尔藤斯（Annick Mertens）毕业于农学和园艺专业，2003年，她在比利时韦尔布罗克（Verrebroek）开设了自己的花店"Onverbloemd"，并在她位于比利时弗拉瑟讷（Vrasene）的家中，每月组织一次花艺研讨会。她认为在舒适的环境中分享经验和教授技术至关重要！冬季，学生们用柴火炉做饭，夏季，他们可以在安尼克自己的花园玫瑰园里切玫瑰。学校放假期间，安尼克为孩子们提供鲜花活动营。她还是 *Fleur Creatif* 花艺杂志的签约设计师，多次参加比利时国际花艺展（Fleuramour）等花艺展会。

难度等级：★☆☆☆☆

四个一排

花艺设计 / 汤姆·德·豪威尔

材料 *Flowers & Equipments*

东方嚏根草

小号花盆、花泥、装饰铺面沙、塑料鲜花营养管、小型圣诞主题装饰物、装饰枝条、胶枪

步骤 *How to make*

① 将花泥放入花盆中。
② 插入装饰枝条。
③ 在鲜花营养管中注入水，然后插入花泥里。
④ 将鲜花插入位于树枝间的营养管中。
⑤ 在花泥表面铺撒装饰铺面沙，将裸露出的营养管顶端及花泥遮盖起来。
⑥ 用胶枪将一些圣诞主题小装饰物固定在树枝之间。

材料 *Flowers & Equipments*

干燥的凌霄花枝条、朱顶红
毛线、长方形或椭圆形的防水花盆

难度等级：★☆☆☆☆

聚光灯下的朱顶红

花艺设计 / 汤姆·德·豪威尔

步骤 *How to make*

① 将湿润的花泥放入花盆中，靠一侧放置，大约占花盆整体空间的三分之二。
② 选取几支高低错落的枝条，用红色毛线缠绕几圈。
③ 将枝条插入花泥中。
④ 在花盆中加入水。
⑤ 将高度低一些的朱顶红和枝条插入水中，放置于花泥右侧。

难度等级：★☆☆☆☆

圣诞艺术

花艺设计 / 汤姆·德·豪威尔

材料 *Flowers & Equipments*

桦树树皮、大花玫瑰、观赏水果

25cm × 25cm 的方形聚苯乙烯板材或绝缘板材，厚度为 5~6cm、圣诞主题小饰品、紫红色金属线、胶枪、带有星形装饰物的支撑底座

步骤 *How to make*

① 用胶枪将小块的桦树树皮一块一块地粘贴在方形聚苯乙烯板材的表面。
② 然后将其整体插入底座上。
③ 用彩色金属线缠绕观赏水果，制作一个装饰性花环。
④ 将花环环绕在制作好的装饰板上。
⑤ 用胶枪将大花玫瑰以及一些圣诞装饰物粘贴在装饰板上。

难度等级：★★☆☆☆

纯净洁白的花柱

花艺设计 / 汤姆·德·豪威尔

材料 *Flowers & Equipments*

露兜树叶片、蝴蝶兰、南美水仙
带有插针的基座、聚苯乙烯条（横截面尺寸为 10cm × 10cm，长度为 100cm）、鲜花营养管、定位珠针

步骤 *How to make*

① 将露兜树叶片切割成长约 10cm 的小片。
② 用胶枪将这些小叶片粘贴在聚苯乙烯条的前面和背面，粘牢固定。
③ 切割出一些长短不一的叶片条，将一些长度大于 10cm 的露兜树叶片条粘贴在聚苯乙烯条的两侧，确保这些叶片条能够将背面完全覆盖，会略有一小部分延伸至前面并突出来。
④ 用定位珠针将 3 只玻璃鲜花营养管固定在前面。
⑤ 现在可以将制作好的架构整体放置在带有插针的基座上。
⑥ 在营养管中注入水，然后插入鲜花。

别致的圣诞花篮

难度等级：★★★★☆

花艺设计／汤姆·德·豪威尔

材料 *Flowers & Equipments*

释迦果、大花玫瑰、美国梧桐果

黏土、塑料布、聚苯乙烯半球体、手工纸、金银丝、壁纸胶、星形装饰物

步骤 *How to make*

① 将塑料布放在聚苯乙烯半球体内，然后铺上一层黏土，塑形。

② 将定形的黏土从半球体中取出，轻轻地取出塑料布，将一块新塑料布放入半球体中。

③ 用壁纸胶将几张手工纸粘贴在半球体底部，用一块塑料布托着定形后的黏土与手工纸，重新放回半球体内，将金银丝放在黏土边沿并压紧。

④ 接下来将几张手工纸粘贴在黏土的内表面，将黏土和胶放置一会儿，让其干透。

⑤ 从球体中取出制作好的模型，将美国梧桐果、释迦果、星形装饰物以及一些干果等放在里面。

⑥ 用胶或 U 形钉将大花玫瑰固定在释迦果里。

难度等级：★★★☆☆

熠熠闪光的圣诞小摆件

花艺设计/汤姆·德·豪威尔

步骤 *How to make*

① 用胶带将两个聚苯乙烯半球体捆绑在一起，在聚苯乙烯球体上切出一个外形看上去自然随意的空间，用胶枪将毛毡片粘贴在球体的内外表面。

小贴士：将胶水涂在毛毡片上，让胶水稍微冷却一下，然后再将其粘贴在聚苯乙烯球的内外表面。

② 用胶枪将电池粘贴在球体内的顶部，然后将一小串 LED 灯泡粘贴牢固，用毛线缠绕在鲜花营养管外，然后将它们插入并固定在球体内。

③ 在营养管中放入万带兰花朵，最后点缀上一些圣诞主题小饰物、人造雪以及干肉桂果，整件作品完成。

④ 将制作好的花球摆放在木制框架内或一只木碗内。

材料 *Flowers & Equipments*

万带兰、观赏水果、干肉桂果

毛毡、球径 30cm 的聚苯乙烯球、胶枪、下部带有插针的鲜花营养管、人造雪、胶带、电池供电的 LED 灯、木块或木碗、白色毛线

材料 *Flowers & Equipments*

黑嚏根草

细铁丝网、碗形容器、胶枪、人造雪、黑色叶脉叶

难度等级：★★★★★

环抱在黑色叶脉叶中的鲜花

花艺设计 / 汤姆·德·豪威尔

步骤 How to make

① 取 3 片叶脉叶，然后将它们交叉放置。
② 将这些叶脉叶组作成一个圆锥形。
③ 在细铁丝网上点上一点热熔胶，然后将叶脉叶插入在孔中，所有的小孔都插上。
④ 现在将细网纱塑造成想要的形状，然后放置在碗形容器中。
⑤ 在塑造好的形状内放入一些圣诞主题小饰品。
⑥ 在一些圣诞小饰品中加入水，然后将黑嚏根草花朵插入。
⑦ 最后撒上一些人造雪，整件作品完成。

难度等级：★☆☆☆☆

冬季花环

花艺设计 / 汤姆·德·豪威尔

材料 *Flowers & Equipments*

万带兰、淡褐色的欧榛的蟠曲的枝条、褐色和紫色的桑树皮

人造雪、花艺用定位针、剪刀、塑料鲜花营养管、直径 50cm 的聚苯乙烯泡沫塑料圆环

步骤 *How to make*

① 将桑树皮裁切成一些矩形小块。

② 将这些小块彼此交叉放置，然后在从中间对折，得到一束桑树皮。然后将树皮纤维细细分开，让这个纤维束看起来丰满充盈，形态优雅。

③ 在每束桑皮纤维的中间，放置一根定位针，然后插入并固定在聚苯乙烯泡沫塑料花环上。

小贴士：将两种不同颜色的桑皮纤维搭配绑扎在一起更为漂亮。

④ 取几枝淡褐色的欧榛的蟠曲的枝条，固定在花环上，并用一点桑皮纤维加以遮盖修饰。

⑤ 取几只塑料鲜花营养管，并用桑树皮包裹装饰，然后固定在枝条上。

⑥ 其余的塑料鲜花营养管随意插入花环中；根据需要可事先用螺丝刀在花环上刺几个小孔。

⑦ 将营养管中注入水，插入万带兰。

⑧ 最后，根据喜好撒上一点儿人造雪。

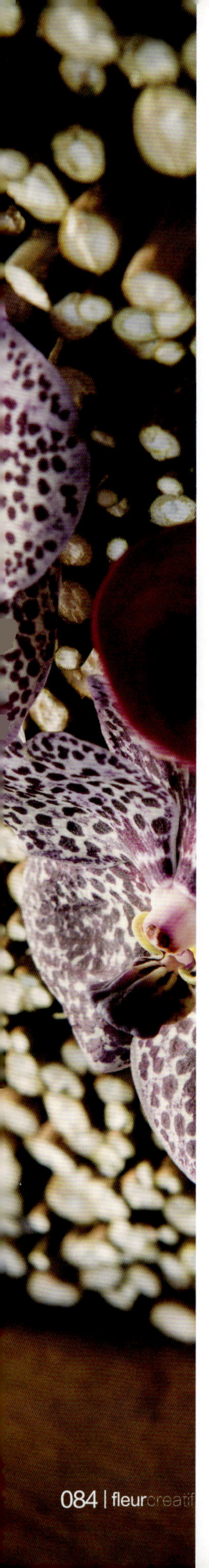

难度等级：★★★☆☆

树干

花艺设计 / 汤姆·德·豪威尔

材料 *Flowers & Equipments*

万带兰、马蹄莲、梓树枝条、桦树树皮

干花泥、花艺木签、胶枪、鲜花营养管、珍珠定位针

步骤 *How to make*

① 在两片软木板之间粘上一块干花泥，静置，让其晾干凝固。
② 将梓树枝条切成长度相同的小段。
③ 在每小段枝条后插入一根花艺木签，以便将它们直接插入干花泥中。
④ 选取带小孔的鲜花营养管，用珍珠定位针穿过小孔将营养管固定架构上。将水注入营养管中，然后插入马蹄莲和万带兰。

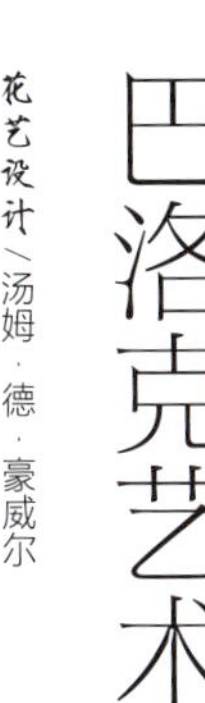

巴洛克艺术

难度等级：★★☆☆☆

花艺设计/汤姆·德·豪威尔

步骤 How to make

① 将花泥塞满容器。将花泥切割成所需的形状，并用花艺木签串在一起。
② 用粗铁丝将小圆形苔藓块固定在花泥上。
③ 取几根长长的粗铁丝，将木兰枝条固定在铺满苔藓的底座上。
④ 添加一些小枝条，用绑扎线固定。
⑤ 用绑扎线将鲜花营养管固定在枝条上。
⑥ 把美国梧桐果挂在枝条上，并让其自然垂下。
⑦ 将水注入营养管中，插入嚏根草花枝。

材料 Flowers & Equipments

嚏根草、小圆形苔藓块、悬铃木（美国梧桐果实）、木兰枝条

干花泥、卷状铁丝、粗铁丝、移液管、碗形容器、绑扎线、鲜花营养管

难度等级：★☆☆☆☆

万物循环

花艺设计 / 汤姆·德·豪威尔

材料 *Flowers & Equipments*

密生海神花（干花）、嚏根草、竹子（干竹叶）

花泥、支柱、碗形容器、人造雪

步骤 *How to make*

① 将花泥用塑料薄膜包起来。
② 将干竹叶粘在侧边，让竹叶顶部高出花泥顶边大约 2cm。
③ 将装饰好的花泥块放入大小适宜的碗形容器中。
④ 在花泥上随意撒上一点儿人造雪。
⑤ 将密生海神花干花枝插入花泥中。
⑥ 将几只鲜花营养管插入花泥中，注入水，然后插入嚏根草。

难度等级：★★★★☆

轻佻的结构

花艺设计 / 汤姆·德·豪威尔

步骤 *How to make*

① 用干草将弯曲的钢筋条缠绕包裹，并用卷轴铁丝扎紧固定，底部包裹的干草厚实一些，顶部则相对薄一些。

② 选取其中一根造型钢筋，用荷叶一片一片从下到上交替缠绕。荷叶应事先用手工塑型。

③ 其余几根造型钢筋用苔藓覆盖，用粗铁丝绑扎固定。

④ 最后，用黏土覆盖在钢筋的顶部边缘处，由于插入了一些短小的绑扎铁丝用以固定干草，这里可多用一些黏土将铁丝遮盖起来，避免黏土干燥后破碎脱落。

⑤ 晾干黏土，让其自然形成几道裂缝。

⑥ 将制作好的四根钢筋造型摆放在一起，为了提高其整体性，可以在底部添加一些树皮。

小贴士： 每天需向针垫苔藓上喷洒足量的水，使其保持亮丽的绿色，新鲜而充满活力。

材料 *Flowers & Equipments*

针垫苔藓、荷叶、干草

黏土、粗铁丝、卷轴铁丝、树皮、带底座的弯曲的钢筋

材料 *Flowers & Equipments*

葡萄藤、万带兰、糖棕圈
毛毡球、圣诞主题小饰品、胶枪、鲜花营养管、射钉枪

难度等级：★★☆☆☆

苍老遒劲的树枝

花艺设计 / 汤姆·德·豪威尔

步骤 *How to make*

① 用射钉枪将糖棕圈固定在葡萄藤上。
② 将一些圣诞装饰物和毛毡球也粘在葡萄藤上。
③ 将鲜花营养管固定在葡萄藤上，然后注入水并插入万带兰。

难度等级：★★★☆☆

樱桃树皮中的嚏根草

材料 *Flowers & Equipments*

椰壳纤维、嚏根草、万带兰、铁线莲、枯木盆景、法国梧桐树果实

绳子、宽胶带（5cm）、卷轴铁丝、圆锥形花瓶、花泥、胶枪、鲜花营养管、塑料薄膜

花艺设计／汤姆·德·豪威尔

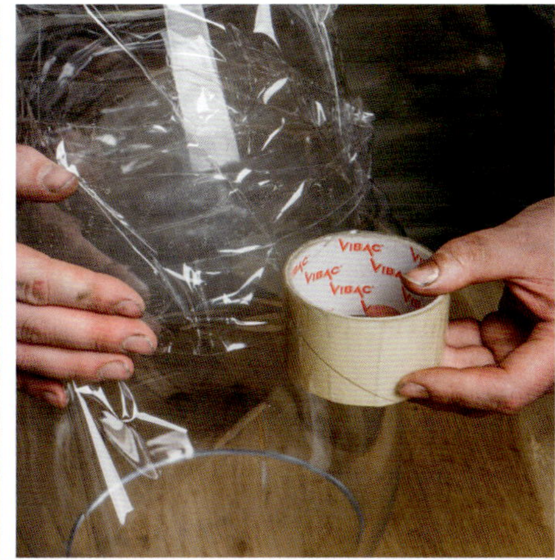

步骤 *How to make*

① 把圆锥形花瓶倒过来。用塑料薄膜将花瓶包裹，然后用胶带固定。小心不要将胶带粘到瓶身。
② 用卷轴铁丝在塑料薄膜外缠绕几圈。
③ 用胶带将卷轴铁丝固定。
④ 取一束卷轴铁丝，让其将从瓶身延伸出来，直至拉长成尖形，然后用胶带固定。
⑤ 取出花瓶，然后将空出的架构塑造成想要的形状。
⑥ 用绳子将铁丝延伸后形成的尖点（尖端）缠绕起来。
⑦ 在架构表面粘贴上双面胶，然后将樱桃树皮粘贴在上面。根据需要用胶枪粘贴加固。
小贴士：用胶枪加固时，不要让过热的胶水涂在树皮上，以防止花泥过热熔化。
⑧ 将一块花泥塞入架构敞口。
⑨ 将装满水的鲜花营养管插入花泥中。
⑩ 插入嚏根草花枝。

难度等级：★★☆☆☆

冬日花瓶中的孤挺花

花艺设计 / 汤姆·德·豪威尔

材料 *Flowers & Equipments*

孤挺花、糖棕圈

鲜花营养管、粗藤包铁丝、绑扎线、胶枪

步骤 *How to make*

① 将糖棕圈的茎柄聚拢在一起，捆成想要的形状，然后用粗藤包铁丝将它们绑在一起。
② 在茎秆上涂上一些热熔胶，将其粘牢固定。
③ 将更多的粗藤包铁丝缠绕在茎秆上，打造出粗犷的自然形态。
④ 将鲜花营养管固定在茎秆上。
⑤ 将营养管中装满水，插入孤挺花。

难度等级：★☆☆☆☆

叶片花床

花艺设计 / 汤姆 · 德 · 豪威尔

步骤 *How to make*

① 在玻璃碗里铺上厚厚一层干树叶。
② 将一些圣诞小装饰物、毛毡球以及梧桐树果实摆放在树叶层上。
③ 将万带兰插入装满水的塑料鲜花营养管中。
④ 将小水管插入树叶层中，摆放在各式小球之间的。
⑤ 最后撒上一些人造雪装饰一下。

材料 *Flowers & Equipments*

万带兰、法国梧桐果、干叶片
玻璃碗、圣诞主题小装饰物、毛毡球、塑料鲜花营养管、人造雪

难度等级：★★☆☆☆

反差鲜明的作品

花艺设计 / 汤姆·德·豪威尔

材料 Flowers & Equipments

染成红色的松针、红色玫瑰

直径 40cm 的铁环、绑扎线、球形花泥、木制碗形容器、褐色古塔胶

步骤 How to make

① 用古塔胶缠绕包裹铁环，这样能够确保绑扎线缠绕得更紧实。
② 用绑扎线将松针缠起来制成一条拉花，再将拉花环绕在铁环上。
③ 将花泥球切下一半，这样花泥块的一面是平的，正好可以放在碗里。
④ 将花泥浸湿后放在碗形容器中间，然后插入红玫瑰。
⑤ 将环绕着松针拉花的铁环从玫瑰花上方向下放置容器边沿处，这样铁环与容器边沿贴合得更紧密。

难度等级：★★★☆☆

另类炫酷的圣诞树

花艺设计 / 汤姆·德·豪威尔

材料 *Flowers & Equipments*

椰子壳、万带兰、野生铁线莲种荚、盆栽枯木、法国梧桐树果实

花泥、U 形钉、黏土、盒子、木签、喷胶、圣诞主题小饰物、胶枪

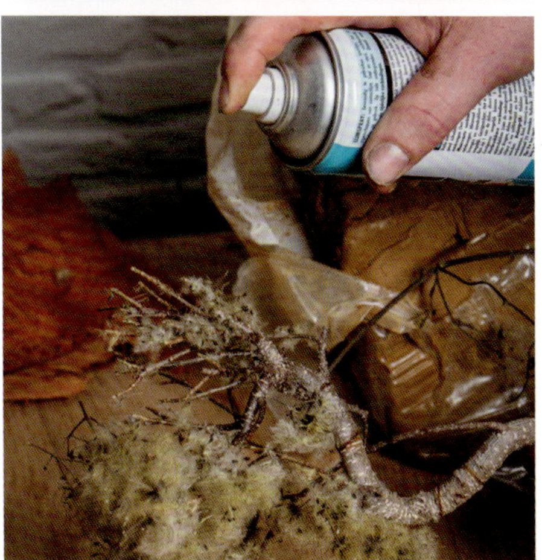

步骤 *How to make*

① 将椰壳块用 U 形钉固定在花泥表面。
② 然后在上面覆盖一层黏土，用 U 形钉固定，再用黏土将 U 形钉遮盖起来。
③ 取一棵小型盆栽枯树，将树挖出，并洗掉树根上的泥土。然后晾干。
④ 在位于树根部之间的茎干底部钻两个小洞，插入木签。
⑤ 向这棵小树的树枝上喷一些胶水，然后将带有胶水的树枝浸在一个装有野生铁线莲种荚的盒子里，蘸一下。
⑥ 重复这个步骤，直至树枝上挂满了铁线莲种荚。
⑦ 将木签穿过黏土插入花泥中。
⑧ 将法国梧桐果喷涂成金色，然后用胶枪将它们粘在树枝上，同时随意粘上一些圣诞小饰物。

难度等级：★★★★☆

和暖的羊毛桌花

花艺设计 / 汤姆 · 德 · 豪威尔

材料 Flowers & Equipments

万带兰、彩色文竹

色彩匹配的多种颜色的毛毡、剪刀、中密度纤维板圆盘或其他木制圆盘，直径约为 80cm，厚度约为 18mm、胶枪、直尺、记号笔、玻璃小水管、绑扎线

步骤 How to make

① 用记号笔从木制圆板的中心至边缘画一些直线。这些直线将作为后续步骤的标记线。
② 用剪刀将毛毡块剪裁成多个楔形小块，这些小块都是以同一中心为基点。接下来将这些楔形毛毡块围绕同一中心成圆形排列，越远离中心所拼接出的毛毡块长度应越长，尺寸也越大，将色彩不同的毛毡块搭配在一起。按照步骤①画出的标记线排列。尝试将这些毛毡块排列得参差错落。在剪裁时应将每一小块毛毡都剪得略微宽一点。这样拼接在一起时可以确保相邻两块毛毡块边沿能够顺利相接在一起。
③ 用胶枪将剪裁好的小毛毡片粘贴在木板上。多粘贴几块超出木板边沿。
④ 将绑扎铁丝弯扭成有趣的长圆形镰刀造型。制作时要确保弯折出数量足够的小圆环，以便接下来可以将玻璃小水管插进去。
⑤ 将彩色文竹枝条摆放在桌面上。
⑥ 向小玻璃管中注入水，然后将它们插入小圆环中并固定好。将万带兰插入小水管中。

难度等级：★★☆☆☆

自制嚏根草花瓶

花艺设计/汤姆·德·豪威尔

材料 *Flowers & Equipments*

嚏根草

薄纸（例如丝质纸）、双面胶、桌花花泥瓶、粉色涂料、塑料鲜花营养管、胶枪

步骤 *How to make*

① 取一张薄纸，对折。
② 将双面胶粘贴在纸张折叠后的正面底部。
③ 将粘贴了双面胶的纸垂直包裹在花泥瓶外表面，双面胶部分粘在容器底部。
④ 将容器倒过来再往下压，这样纸筒就会被压出折痕褶皱。
⑤ 根据需要，用胶水将纸的末端粘在一起。
⑥ 重复上述步骤，制作出同样形式的容器。
⑦ 将其中一些容器涂成微微泛着粉红色的效果，这样容器的外观与嚏根草的颜色搭配和谐。
⑧ 将鲜花营养管注入水，然后插入嚏根草。
⑨ 将鲜花营养管直接插入花泥瓶中。

难度等级：★★★☆☆

亮丽的孤挺花桌花

花艺设计 / 汤姆·德·豪威尔

材料 *Flowers & Equipments*

白色蓝莓枝条、孤挺花

5cm 厚的绝缘板、塑料杯、记号笔、薄木板（也可以使用露兜树叶片）、双面胶、线锯、木签、修枝剪

步骤 *How to make*

① 将塑料杯倒过来扣放在泡沫塑料板上。
② 用记号笔勾出杯口外形，应比实际外形宽 1~2cm。
③ 用线锯按照勾出的线条将泡沫塑料板裁切。
④ 将木签插入切好的板材顶部，每隔 2~3cm 插一根。确保木签高出板材边沿 2~4cm。整个容器边框制作完成。
⑤ 将双面胶分别粘贴在由木签围成的边框内侧和外侧。同时在泡沫塑料板的底部和侧面也粘贴上双面胶。
⑥ 将薄木板切成长短略有不同的小木片。
⑦ 将这些长短不一的小木片粘贴在容器边框内外的双面胶上。根据需要，用胶枪粘牢固定。
⑧ 将塑料杯子放入容器中，然后注入水。
⑨ 将蓝莓枝条和孤挺花插入杯中，整理造型，确保花材形态优美，作品整体形态饱满。

材料 *Flowers & Equipments*

桑皮纤维、干芭蕉叶片、珊瑚蕨、万带兰

聚苯乙烯半球体、棕褐色涂料、带盖的鲜花营养管、棕褐色古塔胶、剪刀、胶枪、双面胶、黑色圆头定位针、珍珠定位针

步骤 *How to make*

① 确保聚苯乙烯半球体边沿平整。
② 用记号笔从半球体中心向边沿画直线，直线呈放射状。
③ 将双面胶粘贴在半球体的内外表面。
④ 将桑皮纤维片切成楔形小块，粘贴在双面胶上。
小贴士：不要将双面胶的背纸同时全部揭掉，以免半球体粘在桌面上或手上。
⑤ 将干芭蕉叶切成一些宽度和长度略有不同的长方形薄片。将长方形小叶片的短边略微磨得圆滑一点，使它们能够与球体的边沿相吻合。
⑥ 用热熔胶将小叶片粘贴在半球体边沿上。
小贴士：将热熔胶直接涂在芭蕉叶片上，然后静置一会儿让它略微冷却，以防止泡沫塑料遇热熔化。
⑦ 或者，也可以用黑色圆头定位针将叶片固定在半球体边沿上。
⑧ 将珊瑚蕨茎枝插入半体球内部。
⑨ 用棕褐色的古塔胶将鲜花营养管包裹。然后向营养管中注入水，插入万带兰鲜花。
⑩ 将插有万带兰的营养管插放在珊瑚蕨茎叶之间，直接将营养管插入半球体中。

难度等级：★★★☆☆

迎宾花环

花艺设计 / 安尼克·梅尔藤斯

材料 *Flowers & Equipments*

松果球、直径 40cm 的木制圆盘、苔藓

圆柱形小木块、铁丝

步骤 *How to make*

① 用铁丝将圆柱形小木块一个一个串起来，然后将木块串一圈一圈固定在圆盘中间。

② 最后将苔藓和松果球放入。简洁即是美。

小贴士：如果你打算使用聚苯乙烯材料为花环制作一个底座，那么可以在底座上加上一些圣诞彩灯。

烛光

花艺设计 / 安尼克 · 梅尔藤斯

难度等级： ★★★☆☆

步骤 *How to make*

① 用一种体现技术感的方式将蜡烛聚集在一起：将蜡烛插入花泥中，然后用毛线等材料将花泥一圈圈一层层包裹起来，创造出一个新颖别致的造型。
② 首先用胶将羊毛粘牢，然后粘上毛毡，最后在用绳子围着底座一圈一圈绕好。
③ 将花艺用木签用胶粘在紫露草的花盆上，这样就可以将紫露草的位置抬高，让它和其他花材保持在同等高度的位置。
④ 将色彩柔和的粉红色玫瑰插入其中。

材料 *Flowers & Equipments*

小花型簇状花瓣玫瑰、紫露草
塑料花泥碗、保鲜薄膜、毛线、毛毡、绳子、细蜡烛、胶枪、花艺用木签

难度等级：★★★☆☆

步骤 *How to make*

① 首先用胶带将花泥包裹起来，以免被水渍污染。用胶将薄木板粘贴在花泥托盘的四周，以确保基座牢固稳定。

② 接下来真正的工作开始了。将一块 12cm 高、1cm 宽的瓦楞纤维板折成波浪状，用胶粘贴在基座上。可以裁切一些高度不同的瓦楞纸板，以增添几分动感。

③ 用石膏堆成山形，宛如一座白雪皑皑的小山，然后放入容器中。

④ 用石蜡将绳子包裹，然后将它放置在箔片上晾干，做出形态精致优雅的蜡烛，更能烘托出节日欢快的气氛。将这些漂亮的细绳蜡烛、满天星花枝以及白色的星形椰子壳放入容器中，并撒上人造雪粉末，这件精致的节日花艺作品就完成了！

材料 *Flowers & Equipments*

满天星

石膏、石蜡、带花泥托盘、瓦楞纤维板、胶带、白色星形椰子壳、白色细蜡烛、细绳、带状薄木片

材料 *Flowers & Equipments*

竹竿、圆形树皮、苔藓、肉桂
胶枪、黏土、红色雕塑黏土、圣诞彩灯、胶带、毛毡条

难度等级：★★☆☆☆

怪诞的圣诞树

花艺设计 / 安尼克·梅尔藤斯

步骤 *How to make*

① 用胶带将圣诞小彩灯缠绕在竹竿上。
② 将黏土塑成一个盘形容器并放置在树皮上，然后将竹竿插入其中。用毛毡条缠绕竹竿，装饰一番。
③ 将散发出美妙香味的肉桂棒放置在彩灯和苔藓块之间。
④ 将松果球、小型红色黏土球以及星形装饰物等放置在盘形基座上，点缀一番。

难度等级：★★☆☆☆

节日风灯

花艺设计 / 安尼克·梅尔藤斯

步骤 How to make

① 制作属于自己的节日风灯。用喷胶将染成古铜色的文竹粘贴在玻璃圆筒的外表面。筒体顶端用一根金线穿过。

② 放入一些红色的白珠树浆果，让其漂浮在圆筒中的水面上。越多越好。

难度等级：★★☆☆☆

美味的蛋糕

花艺设计 / 安尼克·梅尔藤斯

材料 *Flowers & Equipments*

玫瑰、肉桂棒

蛋糕形花泥、球形圣诞装饰

步骤 *How to make*

用玫瑰做一个小巧可爱的肉桂派。这将成为一个美丽而永恒的经典作品！

小贴士：首先用胶带将底部的蛋糕状花泥缠绕包裹起来。

材料 *Flowers & Equipments*

西澳蜡花、松果球、迷迭香、白胡椒果、枝条编制的花环

灯笼、胶水

难度等级：★☆☆☆☆

温馨的冬季迎宾花礼

花艺设计 / 安尼克·梅尔藤斯

步骤 *How to make*

不要将所有花材及装饰物直接粘贴在灯笼上。可以用枝条编成一个精美的花环，这样可以根据季节变换使用各种时令花材，以及表达季节特性的饰品。

难度等级：★★★☆☆

优雅的圣诞节

花艺设计 / 安尼克·梅尔藤斯

材料 *Flowers & Equipments*

旱叶百合（2包彩色旱叶百合叶片）、玫瑰、西澳蜡花

聚苯乙烯泡沫塑料圆锥体、花艺木签、粗铁丝、带有花泥的塑料托盘、石蜡

步骤 *How to make*

① 取一个聚苯乙烯泡沫塑料圆锥体，沿纵向将其切成 4 段。

小贴士：为了避免在切割时不小心将锥尖碰断，可在圆锥体顶端插入一根木签。

② 将两包旱叶百合分成 4 份，用旱叶百合将每个泡沫塑料块分别缠绕包裹，随绕随用粗铁丝固定。

③ 在所有泡沫塑料块表面涂上一层石蜡，一是为了定型，另外也可有效避免旱叶百合晾干后收缩，造成结构变形。

④ 黄铜色的金银丝带给人们一种既魔幻神奇又充满喜庆氛围的感觉。

⑤ 将鲜花插入塑料托盘上的花泥中，以保持作品的观赏期更长。

材料 *Flowers & Equipments*

刺柏（布满青苔的枝条）、白胡椒果、蝴蝶兰（花朵）、西澳蜡花

玻璃鲜花营养管、磨砂玻璃小瓶、固体石蜡、绑扎线、胶枪

难度等级：★★☆☆☆

白色万带兰静物画

花艺设计 / 安尼克·梅尔藤斯

步骤 How to make

① 将刺柏枝条连接在一起，用胶将较细的枝条粘在上面。
② 用白胡椒果、蝴蝶兰、磨砂小玻璃瓶以及西澳蜡花布满整个枝条架构。
③ 为了延长观赏期，可在西澳蜡花的表面涂上一层石蜡。

难度等级：★★☆☆☆

大号圣诞摆件

花艺设计 / 安尼克·梅尔藤斯

材料 *Flowers & Equipments*

荷叶、悬铃木（涂成金色的美国梧桐果）、磨砂绿色的葡萄串

直径 50cm 的聚苯乙烯泡沫塑料球、小彩灯、磨砂质地的圣诞装饰物、喷胶、双面胶

步骤 *How to make*

① 在聚苯乙烯泡沫塑料球体的外表面粘贴一层双面胶。

② 将荷叶撕成小碎片，粘贴在球体外表面。

小贴士：粘贴最后一层时应用喷胶。

③ 用小彩灯做一条闪亮的灯带，然后点缀一些美国梧桐果、葡萄串以及磨砂质地的圣诞小摆件，最后将装饰好的彩灯带环绕在球体中间。

难度等级：★☆☆☆☆

豪放的朱顶红

花艺设计 / 安尼克·梅尔藤斯

材料 *Flowers & Equipments*

朱顶红（白色、粉色、橙红色和古铜色的桦树枝条、桉树（树皮）、玫瑰（霜白色玫瑰果枝条）

3只塑料瓶、橡皮圈、胶枪

步骤 *How to make*

① 将橡皮圈按垂直方向套在塑料瓶上。
② 将桉树树皮切割成所需的长度。
③ 将树皮粘贴在橡皮圈之间的空白位置，先粘贴第一层，最好能再粘贴一层。这些聚集在一起的树皮展现出狂野粗犷的风格，而且装饰后的花瓶也可以多次使用。

难度等级：★★★☆☆

树皮的力量

花艺设计 / 安尼克·梅尔藤斯

材料 *Flowers & Equipments*

松果球、白胡椒果、冰岛苔藓、桉树（树皮）、槐树枝条、西澳蜡花

金属圆环（直径 1m）、胶带、石蜡、磨砂玻璃小瓶

步骤 *How to make*

① 用胶带将金属圆环缠绕包裹，以便粘合性更强。

小贴士：用一些纺织品包裹，效果也不错。

② 将桉树树皮切成所需的长度。用这些树皮块来填充金属环之间的空间，较厚的树皮应放在底部，薄一些的放在上方。

③ 在槐树枝条上涂上一层石蜡，然后将其点缀在桉树树皮缺口之间。

④ 最后：系上一些小装饰物，如磨砂玻璃小瓶、松果、桉树树皮、西澳蜡花以及白胡椒果等，这些材料在使用前均应事先涂一层石蜡。

材料 *Flowers & Equipments*

木制基座、月桂（月桂树叶）、桉树（树皮）

胶枪

难度等级：★★★☆☆

迷你圣诞树

花艺设计 / 安尼克·梅尔藤斯

步骤 *How to make*

① 制作一个木制基座，用干月桂叶一层一层覆盖，形成树状造型。

② 用桉树树皮装饰树尖。

热情洋溢的嚏根草迎宾花礼

花艺设计 / 安尼克 · 梅尔藤斯

难度等级： ★☆☆☆☆

材料 *Flowers & Equipments*

嚏根草

硬纸板、鲜花营养管、毛毡条、星形装饰物

步骤 *How to make*

① 用硬纸板剪出一个心形。
② 将鲜花营养管固定在纸板上。
③ 用毛毡条缠绕包裹纸板，并胶水粘牢固定。
④ 在营养管中注入水，然后插放单独的一朵嚏根草花朵。
⑤ 最后添加一些小装饰物，例如小星星……

难度等级： ★☆☆☆☆

材料 *Flowers & Equipments*

盆栽嚏根草

厚包装纸、毛线、金色星形装饰物、叶脉叶、羊毛

步骤 *How to make*

① 用厚包装纸将花盆包起来，用胶将连接处粘牢。
② 用毛线缠绕花盆，然后用胶粘牢。再用胶水粘上一颗金色小星星作为装饰。
③ 在花盆中植物的底部区域塞入一圈叶脉叶，然后再放入一些羊毛。

难度等级：★★☆☆☆

植物彩灯

花艺设计 / 安尼克·梅尔藤斯

材料 *Flowers & Equipments*

树皮，染成白色、银色和金色的法国梧桐果

彩灯、圣诞小雪球、胶枪

步骤 *How to make*

① 取一段中间的长长的厚树皮。

② 将小彩灯粘在树皮内。

③ 用白色、银色和金色的法国梧桐树果以及覆盖着雪霜的圣诞小雪球等人造小装饰品填满树皮内的整个空间。

小贴士：这个树皮造型可以在每年圣诞节时拿出来重复使用！

草枝和桤木球果花环

花艺设计 / 安尼克 · 梅尔藤斯

难度等级：★★☆☆☆

材料 *Flowers & Equipments*

芒草、桤木球果
陶瓷小鸟摆件、玻璃圣诞小摆件

步骤 *How to make*

① 用芒草和桤木球果制作一个花环。
② 用一些玻璃圣诞小摆件以及陶瓷小鸟等装饰花环。

难度等级：★★★☆☆

材料 *Flowers & Equipments*

干芒草、桤木球果

带插针的金属支架、固体石蜡、棕褐色丝绒彩带、陶瓷小鸟摆件

步骤 *How to make*

① 用略浸过石蜡的干芒草制做一个花环。
② 用插针将花环固定在金属支架上。
③ 将一些桤木球果堆放在花环底部。
④ 用棕褐色丝绒细彩带编制一个蝴蝶结，装饰花环顶部。
⑤ 最后放上一对白色瓷鸟，为这个大花环增添几分别样的感觉。

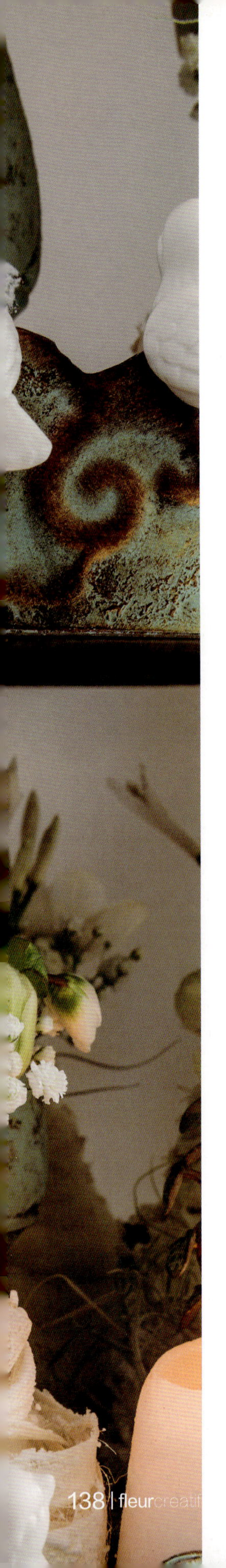

难度等级：★★☆☆☆

鲜花塔式蛋糕

花艺设计 / 安尼克·梅尔藤斯

材料 *Flowers & Equipments*

黑嚏根草、满天星
硬纸板、毛毡、人造雪、玻璃纤维丝、胶枪、小试管

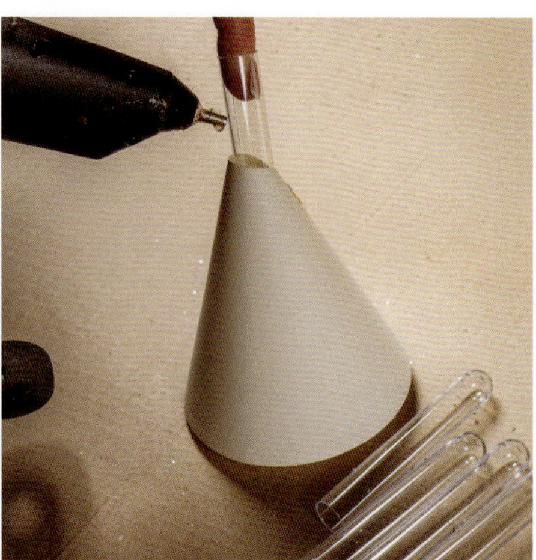

步骤 *How to make*

① 取一块硬纸板，剪成近似半圆形，然后将其卷成圆锥状，用胶将连接处粘牢。
② 在圆锥体顶部的开口处插入一只小试管，并用胶水粘牢固定。
③ 用玻璃纤维丝、毛毡或毛线将圆锥体缠绕包裹。
④ 再在锥体外喷洒上一点儿人造雪。
⑤ 将鲜花插入小水管里。

小贴士：选用颜色各异的毛毡，制作出的圆锥体高度各不相同，这样搭配在一起效果尤为出色。

难度等级：★★☆☆☆

植物光语

花艺设计 / 安尼克·梅尔藤斯

> **材料** *Flowers & Equipments*
>
> **铁线莲种荚、文竹枝条**
>
> 石蜡、气球、壁纸胶、电池供电的小彩灯

步骤 *How to make*

① 将壁纸胶刷在小纸片上，然后粘贴在气球表面，将气球完全覆盖住。放置几天晾干。
② 将气球戳破，这样气球就被制成了一个纸碗。
③ 将石蜡涂抹在碗的内外表面上。
④ 将文竹枝条和铁线莲种荚塞满纸碗。
⑤ 最后，在一圈一圈缠绕的藤蔓之间点缀上小彩灯。

材料 *Flowers & Equipments*

经漂白的干燥欧蓍草、花毛茛、白色嚏根草、白色干燥圆叶尤加利、白色胡椒果、欧洲桤木芽苞

薄木板、竖锯、打孔机、小玻璃瓶、滴管、小刀、剪子

难度等级：★★☆☆☆

叶片交错中的花毛茛与噎根草

花艺设计 / 安尼克·梅尔藤斯

步骤 *How to make*

① 用竖锯将薄木板裁切成需要的形状。
② 根据叶片尺寸将干燥圆叶尤加利分类，在每片叶片上打两个小孔。然后将叶子剪切成同样的形状。
③ 将叶片粘在木板上，从中间开始进行。先粘尺寸最大的叶片，然后继续向两侧粘更小尺寸的叶片，将所有的叶片一圈接一圈，一层接一层粘满整块木板。
④ 把装满水的小瓶子摆放在叶片丛之间，然后插入鲜花。
⑤ 最后将白色的胡椒果以及欧洲桤木芽苞点缀其间。

难度等级：★☆☆☆☆

毛绒绒的冰激淋

花艺设计 / 安尼克 · 梅尔藤斯

材料 *Flowers & Equipments*

染成白色、银色和金色的法国梧桐果，干燥圆叶尤加利

圣诞小球、手捧花束花托、胶枪、毛线

步骤 *How to make*

① 用胶枪将各色法国梧桐果和圣诞小饰品粘在花束花托上。
② 用两片干燥圆叶尤加利围在由果实和小饰物组成的花束底部。
③ 最后，在花束手柄上系上毛线，然后在花束内的小球之间也添加一些毛线作为装饰。

难度等级：★☆☆☆☆

香蒲叶轻柔呵护中的孤挺花

花艺设计 / 安尼克 · 梅尔藤斯

步骤 How to make

① 将香蒲叶一端越过花瓶瓶口边沿向下折叠。将叶片的另一端折叠至花瓶瓶底，并用花艺专用防水胶带粘牢固定，然后继续让叶片经过瓶身至瓶口另一侧边沿，再向下折叠。
② 确保所有香蒲叶的顶端都插入花瓶瓶口内。
③ 将孤挺花以及一小枝高加索冷杉插入花瓶中，整件作品制作完成。

材料 *Flowers & Equipments*

孤挺花、香蒲、高加索冷杉

花瓶

材料 *Flowers & Equipments*

苔藓、落叶松枝条、嚏根草

聚苯乙烯半球体、U形钉、胶枪、花泥托盘、鲜花营养管

难度等级：★★★☆☆

布满青苔的小树枝环绕下的嚏根草

花艺设计 / 安尼克 · 梅尔藤斯

步骤 *How to make*

① 用苔藓覆盖在聚苯乙烯半球体表面。

② 将一些结实的落叶松树枝用 U 形钉固定在半球体四周。

　小贴士：为了便于操作，可将聚苯乙烯半球体放在一个容器上，摆在与树枝高度相同的地方进行操作。

③ 从粗壮的树枝开始，最后再固定细小的树枝。U 形钉从半球体内部和外部插入均可。

　小贴士：或许将覆盖在落叶松树枝上某个部位的一些苔藓去掉更好，因为这样可以再用胶将其粘牢。

④ 在半球体内塞入干花泥。

⑤ 将亮丽的白色嚏根草插入营养管中，然后直接插入花泥里。

难度等级：★★★☆☆

时尚冬日红

花艺设计 / 安尼克·梅尔藤斯

材料 *Flowers & Equipments*

苹果、桤木球果、木百合浆果、红色桑皮纤维

带托盘的花泥垫、毛毡、胶枪和冷固胶

步骤 *How to make*

① 将毛毡粘在花泥靠垫的托盘周边。

② 每个侧边粘贴的毛毡片大约 50cm 长、4cm 高。然后将毛毡对折起来，将边沿粘在一起。

③ 在毛毡的凸起部分切一些小切口，每个切口都不要切到底，只切开一半。

④ 将桑皮纤维覆盖在靠垫表面。

⑤ 在靠垫中间部位留出空间，放上一块心形毛毡块。然后把苹果、桤木球果以及木百合浆果等都粘贴在心形毛毡块上。

难度等级：★★☆☆☆

浆果与树皮的唱和

花艺设计 / 安尼克·梅尔藤斯

材料 *Flowers & Equipments*

木百合浆果、树皮卷
带托盘的花束花泥

步骤 *How to make*

① 将木百合浆果枝条插入花泥中。
② 最后在四周点缀上一些树皮卷。

材料 *Flowers & Equipments*

孤挺花、松针

圆柱形花瓶、双面胶、金色丝带、红色装饰物

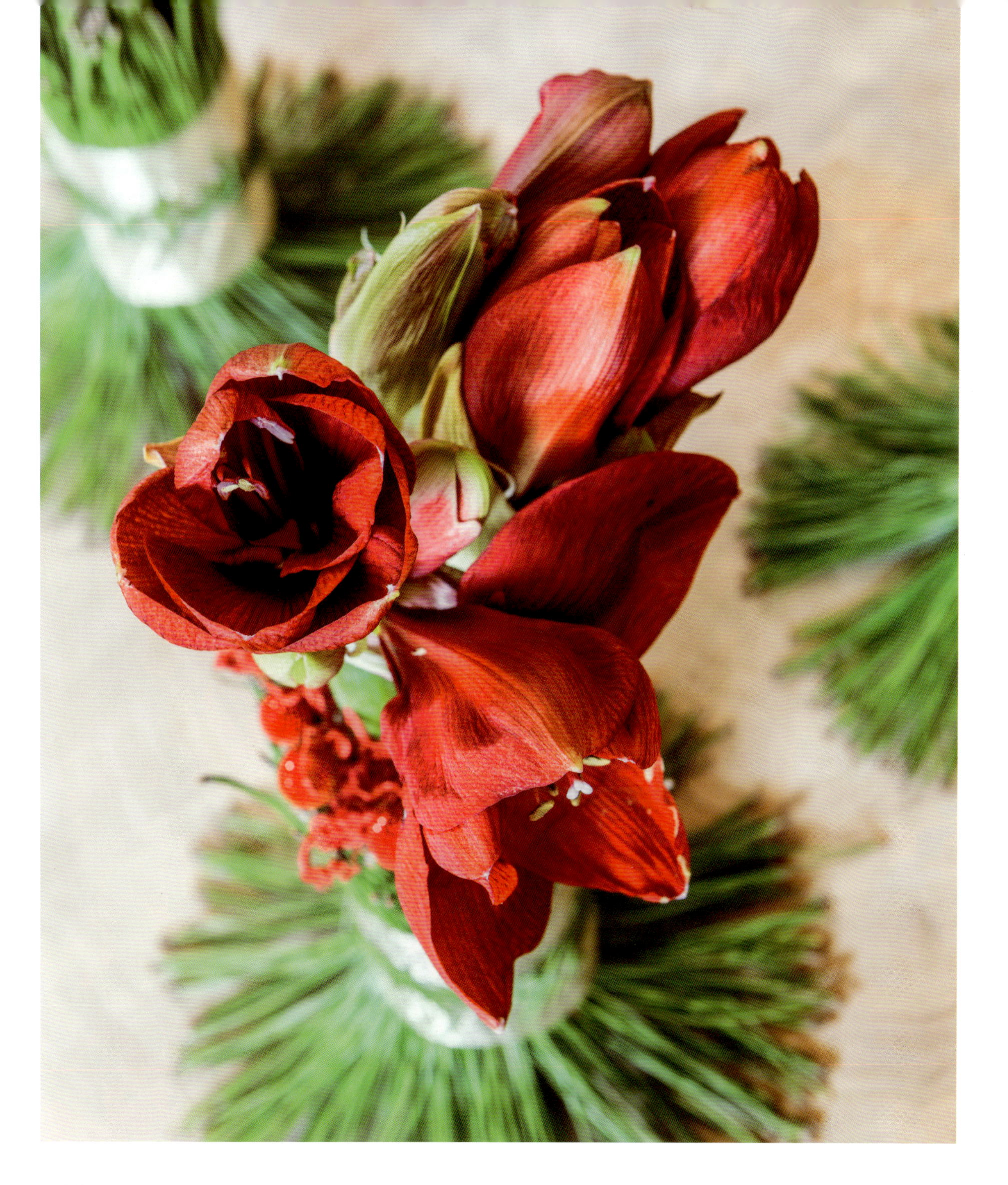

难度等级：★★★☆☆

骄傲的松树

花艺设计 / 安尼克 · 梅尔藤斯

步骤 How to make

① 将双面胶缠绕在花瓶中部位置。
② 将松针粘贴在双面胶上，棕褐色的针尖朝外。重复这个步骤，直到瓶身外侧包裹的松针层达到理想的厚度。按此方式将松针分别粘贴在瓶身的上半部分和下半部分。
③ 最后，用一条展现节日氛围的金色丝带缠绕在松针层外，也可以在丝带上再粘贴一些松针装饰一下。
④ 向花瓶中注入水，插入孤挺花。
⑤ 最后点缀上一些红色小饰品。

松针波浪

花艺设计 / 安尼克·梅尔藤斯

难度等级：★★★☆☆

材料 *Flowers & Equipments*

松针、嚏根草、露兜树叶片

坚固的硬纸板、粗麻布、鲜花营养管、胶带、橡皮圈、结实的粗铁丝

步骤 *How to make*

① 用胶带将粗铁丝粘贴在硬纸板上，这样就可以随意将其按想要的方向弯曲。
② 用一块粗麻布覆盖在硬纸板上。
③ 用露兜叶片将鲜花营养管包裹，然后用橡皮圈扎紧并固定在硬纸板上。
④ 将松针系成小束，搭挂在制作好的底座上。
⑤ 将嚏根草插入营养管中。

P.162

鲁格·米利森
Luc Milissen

info@desfeermeester.be

比利时花卉设计师。鲁格有自己的花艺工作室，主要做空间装饰和室内设计。在比利时国际花展上，他参与“庭院”项目的设计。

尚塔尔 · 波斯特
Chantal Post

chantalpost@skynet.be

夏洛特 · 巴塞洛姆（Charlotte Bartholomé），曾在根特的绿色学院学习了一年，与多位知名老师一起学习，如：莫尼克 · 范登 · 贝尔赫（Moniek Vanden Berghe），盖特 · 帕蒂（Geert Pattyn），丽塔 · 范 · 甘斯贝克（Rita Van Gansbeke）和托马斯 · 布鲁因（Tomas De Bruyne）。

之后参加了若干比赛，如：比利时国际花艺展（Fleuramour）。曾在比利时锦标赛上获得第四名，之后与同事苏伦 · 范 · 莱尔（Sören Van Laer）一起在欧洲花艺技能比赛（Euroskills）中获得金牌。5 年前，她在家里开了店。几年来，夏洛特一直是 Fleur Creatif 的签约花艺师。

圣诞氛围，无处不在

花艺设计／鲁格·米利森

难度等级：★★☆☆☆

材料 *Flowers & Equipments*

白色孤挺花（人造假花）、玉兰树枝条（人造假花）、枝条

漆成白色的3个木制框架、被喷涂成白色的数个不同尺寸的芦苇球、用小木块做成的拉花、各种尺寸的白色圣诞装饰物、白色的人造花球

步骤 *How to make*

① 将树枝固定在木框上，让使枝条从木框中伸出。
② 将大小不同的芦苇球、圣诞小饰品以及人造花球系在树枝上。较大球放置在靠近中心的位置，尺寸较小的小饰品放置在靠近架构边界的位置。
③ 为了增添垂直面的视觉冲击力，可以在树枝上添加小木块拉花以及人造的带有枝条的孤挺花。
④ 最后，添加一些白色木兰枝条，作为点睛之笔。

小贴士：我们特意选择了用人造花来完成这个作品。因为作为室外装饰物，它可以陪伴我们度过整个冬天。

难度等级：★★☆☆☆

步骤 *How to make*

① 将花环连接到金属支架上，一个放置在支架前部，一个放置在后部，以打造出具有一定纵深的架构。
② 先将松枝固定在架构上，然后再放入蟠曲的榛子树枝条。不要担心花材延伸进入任何空间。
③ 将人造孤挺花和小浆果放置在架构的中心位置，并交替加入一些圣诞小装饰物。

材料 *Flowers & Equipments*

蟠曲的榛子树枝条、紫色和酒红色孤挺花（人造假花）、喷涂成紫色的浆果、松枝

高 2m 的金属框架，带有 40cm 宽的大底座，能够为架构提供坚固而稳定的支撑、2 个喷涂成白色的编织花环、圣诞主题小装饰物

难度等级：★★☆☆☆

别具一格的圣诞花环

花艺设计/鲁格·米利森

材料 *Flowers & Equipments*

白玫瑰、木贼、银云杉、干燥的百里香根茎和枝条

2个由细柳枝编制成的开放式花环、圣诞主题小装饰物、绑扎线、鲜花营养管

步骤 *How to make*

① 将两个由细柳枝编制的花环连接起来，这样可以制作出一个体积更大，强度更高的大花环。
② 将云杉枝条绑在花环上。
③ 将木贼茎杆捆成小束，然后系在云杉枝条之间。
④ 在这些绿色的枝叶之间放入干燥的百里香根茎和小枝条。然后将圣诞小装饰物添加在枝条中间。
⑤ 最后将白玫瑰插入鲜花营养管中，然后系在花环上。

难度等级：★★☆☆☆

浆果、玫瑰和红掌的静物画

花艺设计 / 鲁格 · 米利森

材料 *Flowers & Equipments*

表面呈天鹅绒质感的三桠木，百里香干茎枝，染成紫色的干燥浆果，粉红－紫红色苞片，顶尖为暗粉色的马蹄莲，玫红－紫红色、顶尖为暗粉色的玫瑰

圆形镜子、宽大的圆形镜框、中密度纤维板、覆盖在镜框上的纺织品、粗铁丝、钉枪

步骤 *How to make*

备注：我们特意选用了带有植物图案的绿色面料覆盖在镜框表面。纺织品的暗绿色与细枝条的淡绿色形成了鲜明的色彩对比，从而让作品更为引人注目。

① 将短粗铁丝缠绕在三桠木上，然后用钉枪将它们固定在中密度纤维板框架上。这样可以确保制作出的架构结构坚固、稳定，可以允许你加入其余更多的设计元素。

② 将百里香干枝条固定在架构中间，让它们呈扇形散开。

③ 在枝条间加入浆果。

④ 最后插入玫瑰和马蹄莲。

难度等级：★★★☆☆

蔚蓝色和玫红色的圣诞节

花艺设计 / 鲁格 · 米利森

材料 *Flowers & Equipments*

木贼、尤加利、松枝、小苍兰、玫瑰、马蹄莲、菊花

花泥、放置花泥的狭长的托盘、各种尺寸的蓝 - 绿色圣诞小装饰物

步骤 *How to make*

① 将放有花泥的长托盘摆放在桌子中间，托盘与整张桌子等长。
② 将尤加利、松树树枝以及木贼插入花泥中，打造出整个作品的基础。
③ 将木贼系在粗铁丝上，这样就可以将它们弯折，打造成理想的形状。
④ 然后加入一些圣诞装饰品。
⑤ 最后插入玫瑰、马蹄莲、小苍兰和菊花。

难度等级：★★☆☆☆

嚏根草与棉花的景观设计

花艺设计 / 尚塔尔·波斯特

步骤 *How to make*

① 用热熔胶将经漂白过的向日葵茎秆覆盖在长方形容器外表面。
② 将盆栽嚏根草和茉莉栽种至容器中，并添加一些混合肥料。
③ 用银色和白色的圣诞主题装饰物以及白色棉花装饰整件作品。

材料 *Flowers & Equipments*

向日葵茎秆、黑嚏根草、茉莉花、棉花

矩形容器、石蜡、圣诞主题小摆件

材料 *Flowers & Equipments*

棕褐色地衣、桦树、略带闪光的梧桐树果实、万带兰

聚苯乙烯球体：直径40cm、胶枪和胶水、棕褐色涂料、干花泥、小碎木块、直径2~4cm的圣诞主题小摆件、彩灯串、木制星形装饰物、玻璃鲜花营养管

难度等级：★★★☆☆

圣诞星球

花艺设计 / 尚塔尔·波斯特

步骤 *How to make*

① 将干花泥塞入聚苯乙烯球体中，留出 3cm 的开口以便插放球体中心装饰花材。
② 用胶枪将小碎木块粘贴在球体表面上。
③ 将地衣填入球体中间的空间，同时挂上一串小彩灯，系上一些圣诞小饰物，插入几根白桦树枝条以及放有万带兰小花朵的玻璃鲜花营养管。

难度等级：★★★☆☆

古铜色和谐

花艺设计 / 尚塔尔·波斯特

材料 *Flowers & Equipments*

欧洲红豆杉、淡粉色玫瑰、红色玫瑰、火龙珠、日本茵芋、石竹、淡粉色花毛茛、乳白色花毛茛、万带兰、略带闪光的梧桐树果实、桉树树皮

硬纸盒、立方体花瓶、花泥、带有木签的圣诞主题装饰物

步骤 *How to make*

① 选用一个比玻璃花瓶略大一点的硬纸盒。
② 用热熔胶枪将桉树树皮粘贴在纸盒外侧。
③ 将塞满花泥的立方体花瓶放入用树皮装饰好的纸盒中。
④ 将各式鲜花和叶材插满花泥。

材料 *Flowers & Equipments*

被剥去皮的柳树茎秆、茉莉、蝴蝶兰、白色和绿色嚏根草、梧桐树果实

方形木块、100cm 长的铁丝、绑扎线、圣诞主题小装饰物、钻

难度等级：★★★★☆

粉彩色柔和的圣诞花艺

花艺设计 / 尚塔尔·波斯特

步骤 How to make

① 准备一些被剥去皮的柳树茎秆，在方形木块上钻几个孔，孔的直径大小与柳树茎秆相同。
② 用电动螺丝枪将铁丝用绑扎线缠绕好。
③ 将柳树茎秆插入方形木块上的小孔中，同时用缠绕好的铁丝打造出赏心悦目的造型，并用绑扎线固定。
④ 将圣诞小装饰物以及梧桐树果实喷涂成古铜色，然后用胶水粘在架构上。
⑤ 将玻璃鲜花营养管固定在架构上，然后注入水，插入鲜花装饰架构。

材料 *Flowers & Equipments*

松枝、各式各样的松果球、尼润石蒜、酒红色干燥圆叶尤加利

60cm × 60cm 木制框架、聚苯乙烯板材、黑色涂料、环状干花泥、大小不同的圣诞主题装饰品

难度等级：★★☆☆☆

硕果累累的冬日美景

花艺设计/尚塔尔·波斯特

步骤 *How to make*

① 用 4 块 10cm × 60cm 的木板钉成一个木框。
② 将木框染成黑色。
③ 把一块聚苯乙烯板材放置在框架后面作为背景板，用酒红色干燥圆叶尤加利粘贴覆盖。
④ 将一块环状干花泥粘在框架中心，用各式各样的松果球以及大小不一的圣诞小玩意儿装饰花环。
⑤ 最后，插入红色的尼润石蒜小花朵。

难度等级：★★★☆☆

独树一帜的圣诞树

花艺设计 / 尚塔尔·波斯特

材料 Flowers & Equipments

各式各样的松果球、鹿葱、松枝、尼润石蒜、杂交文心兰、火龙珠

金属支架、胶枪、粗细不一的铁丝、干花泥、黑色喷漆、黑色铁杆

步骤 How to make

① 将干花泥块堆叠在金属支架上，然后切割成圆锥形，作为圣诞树基座。
② 用胶水将各式各样、大小不同的松果球粘贴覆盖在圣诞树造型上。
③ 取几根退火钢丝，将其折叠，然后插入圣诞树造型。
④ 用松针、火龙珠、杂交文心兰花朵以及尼润石蒜装饰这棵与众不同的圣诞树，可以将它们粘在钢丝上，也可以直接粘在松果球上。

难度等级：★★☆☆☆

花钟

花艺设计 / 尚塔尔·波斯特

材料 Flowers & Equipments

火龙珠、嘉兰

红色系的不同类型的毛线、管道保温管、红色铁丝、玻璃鲜花营养管

步骤 How to make

① 将各式各样的毛线缠绕在保温管上。
② 用电动螺丝枪将彩色铁丝绕成铁丝圈。
③ 将铁丝圈系在包裹着毛线的绝缘管上，然后将铁丝圈末端与火龙珠小枝条绑在一起。
④ 在适宜处系上玻璃鲜花营养管，然后插入万带兰，装饰整个花环。

扫码购买
FLEUR
CRÉATIF
创意花艺
20 年专业欧洲花艺杂志
欧洲发行量最大，
引领欧洲花艺潮流
顶尖级花艺大咖齐聚
研究欧美的插花设计趋势
呈现不容错过的精彩花艺教学内容
FLEUR
CRÉATIF
Autumn
6 本/套
折后价
268元
每本 58.00 元；
每套 348 元